鲁迅美术学院学术著作出版基金资助出版

高比林壁毯编织技法与设计

莫莉 ◎ 著

中国纺织出版社有限公司

内 容 提 要

本书主要讲述当代高比林壁毯的编织技法与设计，内容包含高比林壁毯的继承与发展，高比林壁毯编织的工具、材料、技法、用线与搭配，编织中的常见问题以及当代高比林壁毯的设计原则和方法。

书中所包含的高比林编织方法的内容详解和图片均来自高校的实践教学课堂，作者将十几年的教学经验和成果完整细致地呈现出来，从"一钉一线"的编织基础到重点难点的讲述分析，再到设计思维的架构，并在高比林壁毯的设计章节对编织难度进行分级，有针对性地帮助不同的读者进行适宜的创作与编织，提高设计能力和作品创新性，能更准确、轻松地将设计应用到实践中。

全书图文并茂，讲解细致，图片新颖且针对性强，具有较高的学习和研究价值，不仅适合高等院校纤维专业师生学习，也可供编织爱好者、研究者参考使用。

图书在版编目（CIP）数据

高比林壁毯编织技法与设计 / 莫莉著 . -- 北京：中国纺织出版社有限公司，2021.7

ISBN 978-7-5180-8559-0

Ⅰ.①高… Ⅱ.①莫… Ⅲ.①挂毯—编织②挂毯—图案设计 Ⅳ.①TS935.75②J523.3

中国版本图书馆 CIP 数据核字（2021）第 090911 号

责任编辑：李春奕　　责任校对：寇晨晨
责任设计：何　建　　责任印制：王艳丽

中国纺织出版社有限公司出版发行
地址：北京市朝阳区百子湾东里 A407 号楼　邮政编码：100124
销售电话：010—67004422　传真：010—87155801
http://www.c-textilep.com
中国纺织出版社天猫旗舰店
官方微博 http://weibo.com/2119887771
北京华联印刷有限公司印刷　各地新华书店经销
2021 年 7 月第 1 版第 1 次印刷
开本：787×1092　1/16　印张：7.5
字数：148 千字　定价：78.00 元

目录
CONTENTS

05

第五章　高比林壁毯编织的设计 / 79

第一章

高比林壁毯概述

第一节　高比林壁毯编织工艺的起源

　　高比林〔Gobelin〕一词源于15世纪法国巴黎的高比林家族，因其专为皇室织制壁毯而闻名于世。其生产的壁毯是在织机上由经线和纬线平面交织而成的"通经断纬"的双面壁毯。

　　1662年，路易十四的宰相戈培尔将分散在巴黎的壁毯作坊聚集起来，成了为宫廷服务的高比林织造所，后发展为皇家高比林工厂（图1-1、图1-2）。其编织技艺精湛，色彩种类丰富，"高比林"几乎成了那个时代壁毯的代名词。当时织造高比林壁毯的样稿多以宫廷画家的绘画为范本，壁毯一度成为绘画的复制品。在高比林壁毯鼎盛时期，其皇家织造所常备的色纱种类有14000多种，工艺的娴熟和丰富的色彩使得壁毯与绘画极为相似。在材料的选择上，高比林壁毯的经线多选用棉或麻线，纬线则多用毛丝、绢丝和金银丝。特别是在巴洛克和洛可可时期，高比林壁毯中大量

图1-1　高比林工厂（正面）

使用金银丝，增加了画面的豪华与光泽感。为了追求与绘画的相似效果，这个时期每幅壁毯都增加了近似油画框的边饰，创造了一种新的视觉效果（图1-3）。从现今遗存的作品可以看到，当时的织造匠人已考虑到用不同的材料和技术来表现画面中的光影效果，如在作品中运用影线技术（hatching）来表现服装的褶皱效果、物体阴影和景物之间的远近等。在题材上，高比林壁毯早期的故事主题多为希腊神话、宗教故事、历史事件以及宫廷生活等，如表现路易十四生涯的十四幅《国王的故事》以及《贵妇人与独角兽》等珍品（图1-4、图1-5）。随着时代的发展，高比林壁毯的创作题材逐渐丰富起来，加入了战争场面、贵族生活、花卉素材、田园牧歌、贫民百姓的劳动场面等（图1-6、图1-7）。

图1-2　高比林工厂（背面）

图1-3

图1-3　巴洛克和洛可可时期的高比林壁毯

图1-4　《国王的故事》系列之一（高比林壁毯作品）

图1-5　《贵妇人与独角兽》(高比林壁作品)

图1-6　1860年巴黎的高比林壁毯

图 1-7　花卉主题高比林壁毯

第二节　高比林壁毯的发展

一、艺术与手工艺运动下的高比林壁毯艺术

1854年，英国艺术家威廉·莫里斯（William Morris）参观了皇家高比林工厂，他对高比林壁毯的发展产生了质疑。威廉·莫里斯认为，壁毯应该有自己的艺术表现力，而绝不仅是绘画的仿制品。几个世纪以来，高比林壁毯虽然在材质、编织技法、色彩表现上趋于完美，但是其表现形式一直模仿绘画，这样不但失去了高比林壁毯的生命力，而且烦琐的编织耗费了大量的人力和财力。作为艺术与手工艺运动的倡导者，莫里斯认为壁毯艺术应该充分发挥其材质的特点，摆脱一味对绘画的仿效。为了实现自己的愿望，威廉·莫里斯在英国建立了自己的壁毯编织工作室，学习和研究高比林壁毯的织造方法，并亲自设计图稿。莫里斯设计的壁毯不再追求逼真的造型、三维立体效果和繁缛复杂的色彩，画面多以干净简洁的颜色为底，上面铺满了缠绕的藤蔓和美丽的花朵，充满了古典美感。图案的设计元素则采用大量卷草、花鸟或人物等题材，减少了叙事性的故事情节。优美的线条、对称的结构、浪漫的色彩、朝气蓬勃的自然题材使高比林壁毯富有极强的装饰性（图1-8）。

威廉·莫里斯倡导的艺术与手工艺运动促进了当时社会对壁毯艺术的认知，给人们带来了很大的触动，也是从这个时期开始，高比林壁毯真正地回归到装饰艺术中去，也从规模宏大的皇家工厂走入了普通人的生活，优美的线条，精炼的色彩，新颖、合理及逐步完善的设计思路，这使高比林壁毯艺术进入了一个新的高度。

二、高比林壁毯艺术在中国的发展

高比林壁毯的编织技法在中国的传播可追溯到20世纪80年代后期，来自格鲁吉亚的艺术家基维·堪达雷里（Givi Kandareli）受中央工艺美术学院的邀请，将盛行欧洲几百年的高比林工艺首次带到中国，并陆续在国内各大学校开始传播。

图1-8　威廉·莫里斯设计制作的手工壁毯

　　基维·堪达雷里教授出生于格鲁吉亚，毕业于比利斯美术大学并留校任教。其一生艺术成就辉煌卓越，曾担任过格鲁吉亚美术家协会副主席、工艺美术家分会主席、苏联美术家协会常务理事等职务，被誉为苏联功勋艺术家、格鲁吉亚挂毯艺术的奠基人和领导者。基维教授一生亲手设计绘制、编织高比林壁毯200余件，每件作品都展示出极高的艺术修养和审美价值，基维教授本人被国际艺坛誉为"高比林之王"。

　　基维·堪达雷里教授与中国结缘离不开他的中国夫人刘光文。刘光文教授1958年从国内赴格鲁吉亚留学并推广中国的茶叶文化，后与基维教授相识并结为伉俪。20世纪80年代末，带着传播高比林壁毯艺术的使命，夫妻二人回到了中国，1990年、1996年基维教授两次受聘任教于中央工艺美术学院（现清华大学美术学院），随后又在北京、天津、山东、广西、浙江、黑龙江等地进行讲学，他亲自指导教师和学生学习高比林壁毯的技法，并以其深厚的艺术修养、精湛的编织技艺、激动人心的课堂讨论，受到了中国学子的一致好评，他不仅仅将高比林编织技法带到了中国，同时也将对艺术创作的热情和严谨的治学态度传授给青年教师和艺术家，为中国的艺术教育做出了重大贡献。

如果说基维·堪达雷里是高比林壁毯艺术的传播者，那么中央工艺美术学院的林乐成教授便在随后的几十年中使高比林壁毯艺术不断地在中国各大高校开枝散叶（图1-9、图1-10）。

林乐成教授是基维·堪达雷里的第一批"学生"，在基维教授来到中国之前，他便对壁毯、壁挂有着浓厚的兴趣，并于1985年率先在中央工艺美术学院开设壁挂课程。而基维和高比林的到来，使得林乐成对自己所研究的领域和学科有了新的认识，他曾说："对欧洲高比林艺术的探索使我重新认识到织物与绘画的真正价值。"2000年10月，在清华大学美术学院和中国工艺美术学会纤维艺术委员会的大力支持下，林乐成参与策划组织了

图1-9　基维·堪达雷里

图1-10　基维·堪达雷里的作品

"从洛桑到北京——2000国际纤维艺术双年展暨学术研讨会"。作为此次双年展的发起人，基维·堪达雷里在开幕式上激动万分，这次展览不但延续了已经停办的洛桑国际传统与现代壁毯艺术双年展，也是第一次在中国举办的国际性纤维艺术双年展，而随后每两年一届的双年展使高比林壁毯艺术也随着中国纤维艺术的发展而得到广泛传播（图1-11）。

图1-11 从洛桑到北京——2000国际纤维艺术双年展

第二章

高比林壁毯编织的
工具、材料与技法

第一节　编织工具与材料

一、编织工具

高比林壁毯编织所需要的工具有：钉子、尺子、木框、叉子、剪刀、卡纸及针线等（图2-1）。

1. 钉子

钉子选取以长度约2.5cm、直径约0.1cm为宜（图2-2）。

2. 木框或织机

编织的框架既有非常简单的木框（图2-3），也有各类大型的织机，可以根据尺寸大小和条件而定。木框适合编织中小幅的壁毯，织机适合编织大幅的壁毯。对于初学者来说，木框是较好的选择，它的制作简单方便。制作木框架时需要在框架的四角加以固定以防变形，在南方或者沿海城市，木框会在潮气和湿润的环境中变形，因此除了四角固定木框外，还要尽快完成作品。制作框架的大小取决于作品的大小，如果作品尺寸已经确定，木框的尺寸则约为作品尺寸的1.5～2倍。例如，长宽尺寸为60cm的作品，则框架的长宽为90～120cm。这样做的目的是当作品织到后期时，经线不断地缩短，紧度随之增加，尺寸宽松的框架可以更方便编织并保证作品的织缩率（松紧度）一致。

3. 叉子或压线耙子

一般来说，普通的西餐叉子就可以完成压线的工作，压线耙子是较为

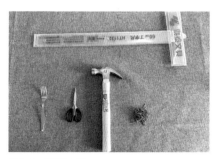

图2-1　编织工具

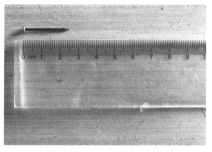

图2-2　钉子长度

专业的工具，一般由专业工厂加工使用。

4. 卡纸

卡纸需要的宽度约为4~5cm，长度要略大于画面的尺幅（图2-4）。

二、编织材料

高比林壁毯的编织材料主要可以分为两大类，一类是经线，另一类是纬线。传统的高比林壁毯的经线使用纯棉线，纬线使用羊毛线。

1. 棉线

棉线相比羊毛线更加结实，且弹性小，不易拉伸变形，在高比林壁毯编织中主要作为经线使用（图2-5）。

2. 羊毛线

羊毛线主要作为纬线使用。国内羊毛的品种有新疆细羊毛、内蒙古细羊毛。国外羊毛品种有澳洲羊毛、新西兰羊毛、南非羊毛、阿根廷羊毛、乌拉圭羊毛。另外还有安哥拉盛产的马海毛等。高比林壁毯编织常选用3.5~7.5特克斯的绵羊毛毛线，由于纯羊毛抗酸能力强，对染料亲和力很强，染色后色泽高档纯正（图2-6）。

图2-3　木框

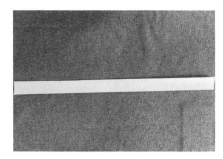

图2-4　卡纸

图2-5　棉线

图2-6　羊毛线

第二节   高比林壁毯编织前的准备

一、染线

在织毯前，首先要确定设计方案，然后根据画稿中的颜色进行分类并开始染色。染线工具为电磁炉、锅、酸性染料（图2-7、图2-8）或家用染毛袋；染色的线选用无色纯羊毛线（图2-9）。待工具准备齐全以后，可以按照以下步骤进行染色。

（1）根据用量整理所需要的染线，并洗掉线上的灰尘和污垢，可以用洗涤剂或者洗衣粉，洗净后用温水浸泡等待染色（图2-10）。

（2）将酸性染料用少量热水冲化，再放入染锅内，加冷水并搅匀（图2-11）。

（3）加热染锅，待水温上升到50～60℃时将浸泡的线抖开并放入染锅，可加入少量醋精加以固色。注意不要将线露出水面，轻轻翻动线，待水温逐渐升到90℃左右，继续恒温染色至少30分钟（煤气炉可开至小火）。线出锅后平铺晾干即可，切勿日晒，最后将晾干的毛线缠成小捆，按照明度与色相依次排列以方便取用（图2-12～图2-16）。

图2-7 染料

图2-8 锅具

图2-9　待染的线

图2-10　洗线与浸泡

图2-11　融化搅匀染料

图2-12　将融化的染料入锅加热

图2-13　将线全部浸泡在水中

图2-14　加热沸腾

图2-15　观察颜色

　　染色时如果想调节同一种颜色的渐变色，可以有两种方法：其一，增减染色的时间；其二，通过调节染锅内的水量稀释或者增加染料浓度。当然在编织过程中，也有很多不同色相的颜色是需要逐步渐变和相互融合的，为了让两种颜色的线衔接更加自然，我们可以在染第二种染色的线时加入第一种染色的染料，这样两种颜色过渡会更加均匀（图2-17～图2-19）。

图2-16　捞出凉透　　　　　　　　图2-17　浸泡染色得到柔　　图2-18　过渡色
　　　　　　　　　　　　　　　　　　　　　和的过渡色

图2-19　染好的线需要自然晾干，不要暴晒

二、缠线

将染好的线缠成线球或线轴，然后根据所需要的颜色用"8"字缠绕法缠成小股，方便编织过程中使用，具体方法如下：

首先，将线的一端缠绕在食指上固定。然后将线在大拇指和小拇指之间绕"8"字，待达到适量的线股后剪断即可。再将缠好的线股从大拇指和小拇指上取下，同时解开食指端的线头，并使其在"8"字线股中间缠绕固定，注意线头缠绕后不需要打结。最后将剪断那一端的线头微微拉动，选取适宜的长度，并将这一端用于高比林壁毯的编织（图2-20）。"8"字缠绕法是编织高比林地毯重要的缠线方法，用该方法缠绕的线股在使用中不会松散，可达到用多少取多少的目的。

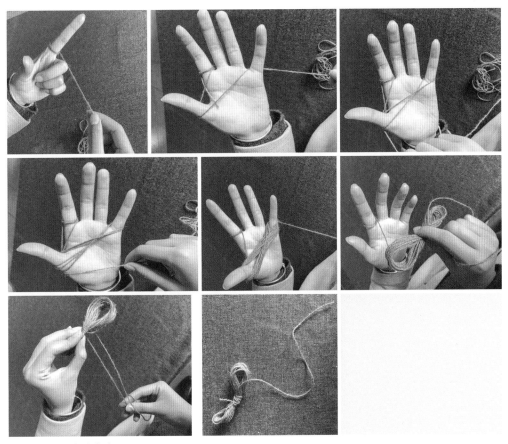

图2-20　"8"字缠绕法

我们可以根据作品色彩的需要，利用这种方法缠出所需要的线，然后整理放入一个盒子里，这样在编织的过程中可以更加方便地选色和取用（图2-21）。

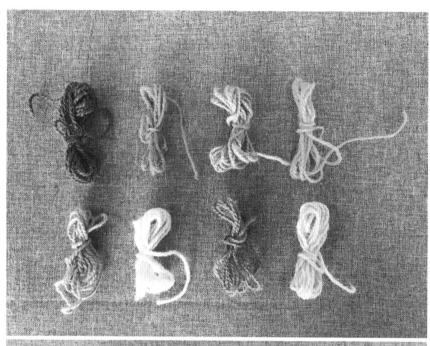

图2-21　将缠好的线整理收纳

三、钉框子

钉框子是指在框子的上下两边根据一定的间距钉上钉子，钉好框子后就可以将经线挂在上面开始编织了。钉框子既是高比林壁毯编织正式的开始，也是非常关键的环节，规范与正确的方法可以保证经线均匀分布以及高比林壁毯编织的平整。

（1）将所需要的木框上下两边各画两条平行线，注意平行线的上方、下方和中间都需要留出一定距离，防止以后钉钉子时将木框钉裂，上、下标记点需要错开，如上排标记点间距为8mm，下排标记点则在其中间位置4mm处（图2-22~图2-26）。

（2）在平行线上已经标记的位置开始钉钉子。木框的上下两边共需要钉四排钉子。钉子之间的间距由编织的图案而定。钉子之间的间距越小，壁毯的密度越高，适合具象图形等精细图案的编织。钉子之间的间距越大，壁毯的密度越低，适合纬线较粗或抽象图案的编织（图2-27）。

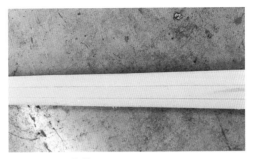

图2-22　画平行线

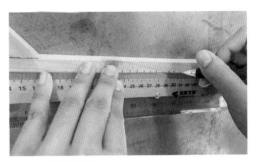

图2-23　测量间距

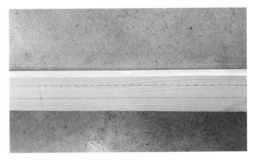

图2-24　根据间距画点

图2-25　根据间距双排画点

图2-26　测量间距画点

图2-27　钉框子的方法

需要注意的是，上下两排钉子需排列整齐，如钉歪了则需要纠正，以防间距不等。钉子不能钉得太浅，防止钉子在编织过程中脱落。另外，如果木框在钉的过程中出现裂纹，可以在原钉点垂直上下位置钉钉子，保证原钉子与其他钉子之间的平行间距相同即可（图2-28）。

四、挂经线

将经线的一端缠绕固定在木框上，这样做可以防止钉子松动、经线脱出（图2-29）。然后将经线从上至下使用"8"字缠绕法垂直缠绕在钉子上（图2-30），注意经线在木框的上端和下端需要对齐缠绕，确保经线垂直。在挂经线时，可以根据编织尺寸的大小选择起始的钉子，注意经线缠绕的宽幅要和作品的宽幅一致（图2-31）。

经线不易挂得过紧或过松，过紧、过松都会影响毯子的织缩率。如果经线过紧，随着毯子编织进度的增加，手很难穿过经线继续编织，毯子也会变形。而经线过松就好比建筑的框架松散，起不到支撑作用。因此，在挂经线的过程中要随时用手感受经线的松紧度（图2-32）。

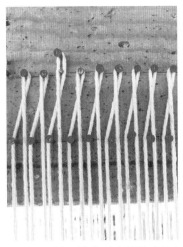

图2-28 木框裂纹处可以在原钉点垂直上下位置钉钉子

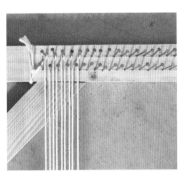

图2-29 将经线缠绕固定在木框上

图2-30 上下"8"字缠绕法挂经线

经线挂好后，用手将经线压到钉子的根部，防止经线从钉子处脱出（图2-33）。

五、均匀分经

经线挂好后，准备一个宽度约5cm的卡纸，将卡纸穿插在经线中。卡纸起到一个支撑的作用，让锁边的线落下来后更加平整（图2-34）。

准备一个木棍或纸卷，直径大约1cm，按照卡纸穿插的反方向穿过经线，把前后经线分开以方便编织（图2-35）。

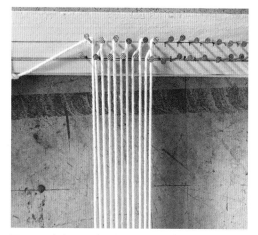

图2-31　根据需要选择挂经线的起始钉子

图2-32　用手感受经线的松紧度

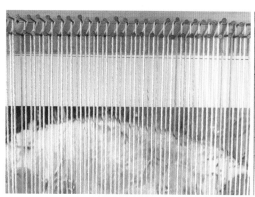

图2-33　挂好的经线

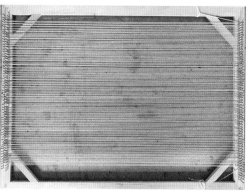

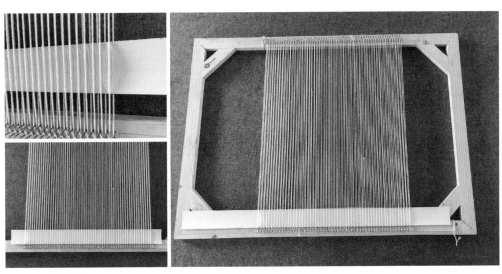

图2-34　穿插卡纸

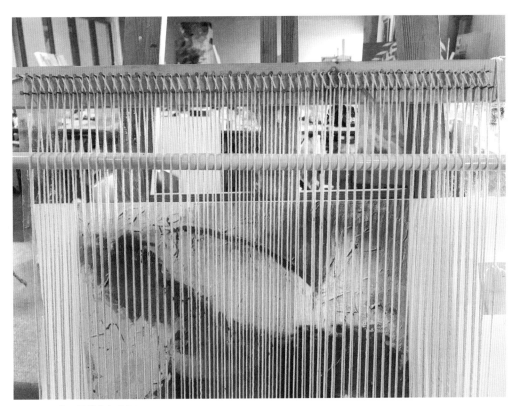

图2-35　利用纸卷均匀分经

六、锁边

　　卡纸穿插好后，可以开始锁边。锁边需要从右至左（或从左至右）自下而上反复两行，最后呈现出一条"辫子纹"。例如，如果从右至左开始，我们需要在最右侧的第一根经线上打结，然后左手挑起左侧第二根经线，并将经线球穿进挑起的经线内，再轻轻拽拉经线，调整好经线的力度以保持"辫子纹"的平整（图2-36）。当从右至左锁到最后一根经线时，需要按照上述锁边方法在左侧最后一根经线上缠绕两次，再按照相同的方法以相反方向从左至右返回。当返回至右侧最后一根经线时，可以打结结束锁

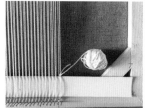
在第一根经线上打结

选取中间部位演示锁边步骤

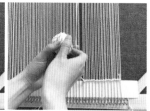
左手挑起左侧一根经线

将经线球从挑起的经线左侧穿过去 穿过左侧经线

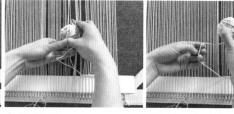
左手勾住穿过的经线底部

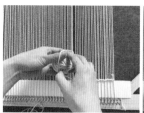
把线球穿入其中锁住

拉拽经线

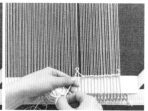
注意拉拽经线的力度

拉拽到卡纸上方固定

整理锁扣以保持平整

图2-36　从右至左的锁边

边（图2-37）。为了更清晰地展现锁边中经线的走势与方法，可以参照手绘的锁边示意图（图2-38）。锁边的目的是防止高比林壁毯上下边缘线头脱出，加固高比林壁毯并保持壁毯的平整性。

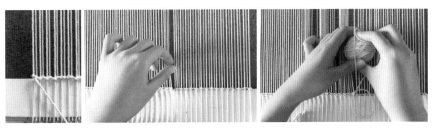

在左侧最后一根　挑起右侧一根经线
经线缠绕两次

将经线球从挑起的经线右侧
穿过去

穿过右侧经线

右手勾住穿过的经线底部

把线球穿入其中锁住

拉拽经线并注意力度

整理锁扣，保持与之前一样平整

图2-37　从左至右的锁边

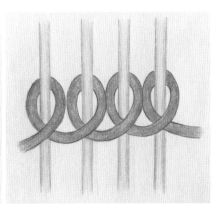

从右至左锁边

从左至右锁边

图2-38　锁边示意图

在一幅高比林壁毯中，底部锁边完成后可以正式进行壁毯的编织，待壁毯编织完成后，作品顶端同样需要锁两行边以固定（图2-39）。

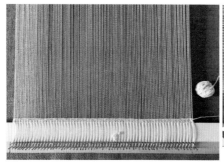

底部锁边完成　　　　　　　　　　　顶部锁边完成

图2-39　作品底部与顶部的锁边效果

七、附图画轮廓线

在锁边完成后，需要将设计图稿用透明胶带附在经线后面，在编织的时候可以起到辅助对应的作用（图2-40）。图片附好后，用黑色马克笔将图稿的轮廓线画在经线上，以准确定位画面中主要的结构（图2-41）。

图2-40　将图稿用透明胶带附在经线后面

图2-41　画轮廓线

第三节　基本编织技法

高比林壁毯在编织时采用平织技法，通过经线与纬线一上一下交替而成。壁毯以羊毛为主要原料，采用的是在垂直的前、后经线交织穿行的一种编织技法。平纹组织是所有编织组织中经纬交错次数最多的组织，因此平织技法的断裂强度高，织物不易损坏。在编织过程中，纬线通过在设计图形范围内的经线之间回转穿织，织造出所需形象，其编织工艺形式简单、编法自如。高比林壁毯在编织时可用双手来回穿线而不需要梭子，在壁毯编织完成后，正面和反面的图像相同，方向相反，因此又是一种可以正反观赏的"双面壁毯"。

一、水平线编织技法

纬线穿过经线后呈水平形态，这种技法被称为水平线编织技法（图2-42）。在编织过程中，为了保持作品的平整和收缩率一致，在纬线下落时不能拽得太紧，需要保持一定的弧度下落（图2-43）。

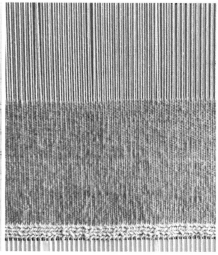

水平线编织技法示意图　　　　　　　　　　水平线编织效果

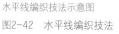

图2-42　水平线编织技法

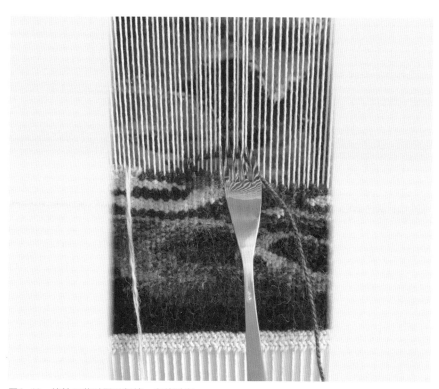

图2-43　纬纱下落时需要保持一定的弧度

在整幅壁毯的编织过程中，要使纬线编织的力量一致，过紧会导致经线向中心收缩，称"收腰"（详见第四章），过松则导致经线向两边扩展或者画面不平整。

二、弧线编织技法

在高比林壁毯编织中，弧线编织技法是将纬线穿过经线后根据弧线的形态往返并局部垒高，在画面中形成具有弧度的图形（图2-44）。弧线编织技法在高比林壁毯中被广泛应用，"局部垒高"的技法则是弧线编织技法的核心。在编织中，首先要观察编织区域弧度的形态，然后运用平织技法，将纬线多次往返画面中弧形区域处并逐层垒高形成自然的弧度（图2-45）。弧线编织技法在自然风景的编织中尤为多见，如天空、云朵、山脉、流水、树木、花卉等题材（图2-46）。

在高比林壁毯的编织中，画面中的弧线往往是多样的，如上弧线、下弧线、波浪线等。在编织的过程中，要根据画面对弧线编织技法进行适当的分析和调整，上弧线需要在弧度中心局部垒高，下弧线则需要在弧线两边局部垒高以使中心区域凹陷产生弧度（图2-47）。

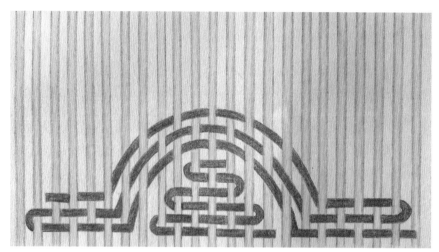

图2-44 弧线编织技法示意图

图2-45 局部垒高

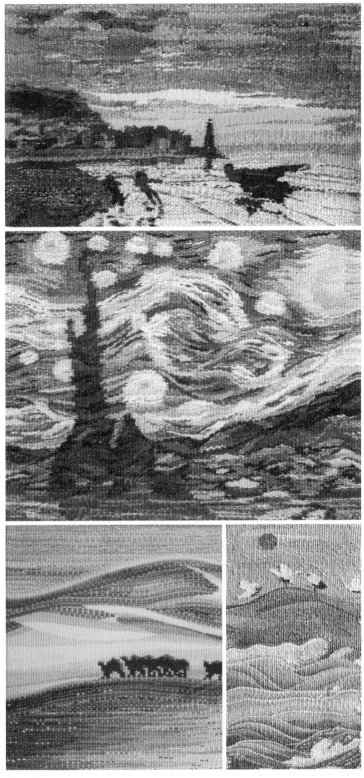

图2-46

图2-46　作品中的弧线和波浪线运用

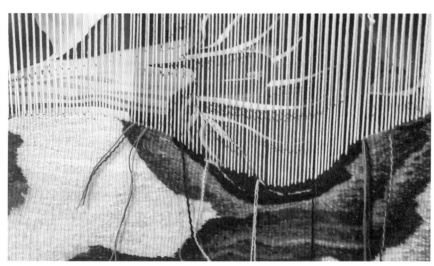

图2-47 下弧线编织

三、斜线编织技法

纬线穿过经线后，与水平线呈现一定的角度，这种技法被称为斜线编织技法。根据斜线角度的大小，编织技法略有不同。

为了保证斜线编织的精确，需要在编织过程中计算坡度的倾斜角度与纬线的关系，计数编织往往可以很好地保证"顺畅"的斜线。在图2-48中，斜线的角度比较小，紫色的纬线和绿色的纬线可以进退2格编织。在图2-49中，斜线的角度增大，紫色的纬线和绿色的纬线可以进退1格编织。在图2-50中，斜线的角度较陡，紫色的纬线和绿色的纬线可以停2格、进退1格编织。

斜线在高比林作品中多见于几何图形、建筑、静物等题材中（图2-51）。

图2-48 小角度的斜线

图2-49 中角度的斜线

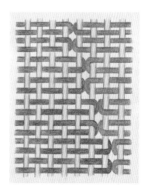

图2-50 大角度的斜线

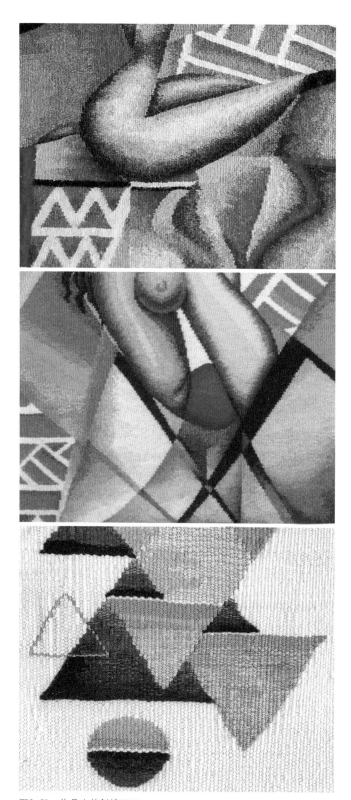

图2-51 作品中的斜线运用

为了更精准地编织斜线，可以在编织前根据物体的轮廓用马克笔在经线上标注位置"点"，这样在编织过程中可以避免斜线的角度出现偏离或线条不直的现象（图2-52）。

四、垂直线编织技法

垂直线编织技法又称为直线编织法。作品中大部分直线是由两块不同颜色的"面"相遇而成，因此这里的垂直线，并不是指编织一根垂直线，而是指面面相交界的线条是否垂直。

垂直线编织技法主要有两种：

第一种方法是两种不同颜色的线相遇交织在一根经线上后各自返回，然后层层叠加（图2-53）。利用这种方法编织的直线由于在经线上交织，故形成锯齿状。在编织的过程中，创作者需要观察作品中的颜色，如果形成直线的两个区域色彩差异过大，则不推荐使用。

第二种方法是不同颜色的纬线在两根经线中间交织而形成直线（图2-54）。利用这种方法编织的直线虽然不会出现锯齿状，但是需要通过控制力度使纬线在经线中间交织的点一层层对齐而形成直线。

在编织的过程中，可以根据作品中直线出现的位置来选择任意一种方法。如果作品的尺寸较大，直线的位置并不是非常精确，可以选择第二种方法，使直线看起来更整齐；如果作品的尺寸较小，直线的位置又比较精确，则可以选择第一种方法或者两种方法同时使用（图2-55、图2-56）。

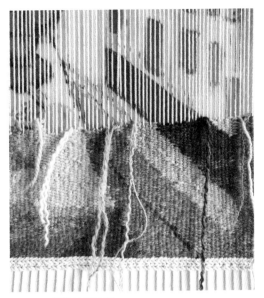

图2-52 斜线编织过程

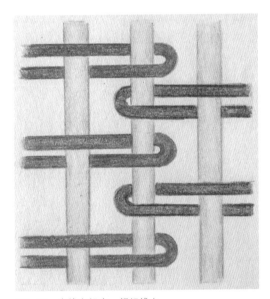

图2-53 直线交织在一根经线上

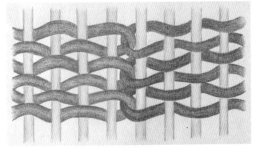

图2-54 直线交织在两根经线中间

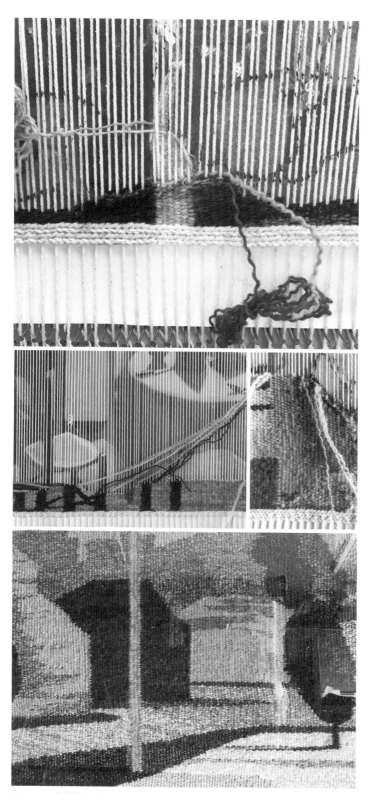

图2-55　直线编织过程

图2-56　作品中的直线运用

五、圆形编织技法

圆形纹样的编织是由不同倾斜角度的斜纹或弧形纹样织成。在编织过程中，需要根据设计稿的轮廓按照一定的顺序编织。笔者将圆形编织技法的顺序用数字序号标注出来（图2-57），以便更清楚地示意编织顺序：首先，在编织中利用下弧线编织技法预留出序号3的下半圆形位置，当1、2位置编织好后，将下半圆形位置填补好。然后在序号4、5位置用局部垒高的方法补全剩余圆形，最后将圆形周围即序号6、7的位置织好，便可完成圆形的编织（图2-58）。

编织者进行圆形纹样的编织时，需掌握其他几种基础编织技法，并具备对画面冷静分析和手眼协调配合的能力。需要注意的是，圆形的设计和编织尺寸不宜过小，过小的圆形导致弧线的爬坡过陡，从而增加编织的难度。

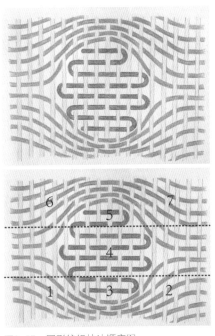

图2-57　圆形编织技法顺序图

图2-58 圆形编织过程

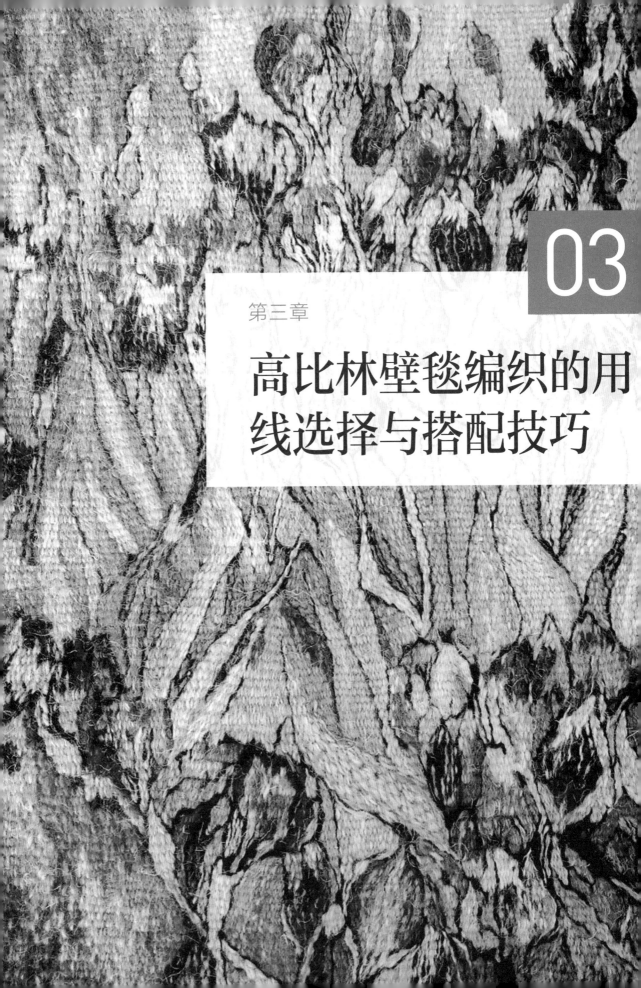

第三章

高比林壁毯编织的用线选择与搭配技巧

第一节　如何换线

　　一幅高比林壁毯的编织离不开不同色彩毛线之间的搭配。这种毛线之
间的搭配又叫"换线"或"换色"，利用这种方法，使不同颜色的毛线在高

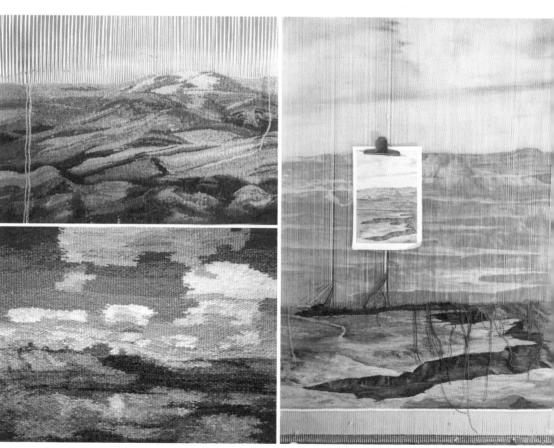

图3-1　主要运用叠压换线法编织的作品

比林壁毯中相互交织、叠压，从而织造出完整的图案。换线技法是编织的
主要方法，操作者应掌握以下两种换线的基本技法：

一、叠压换线法

这种方法与第二章所讲的弧线编织技法相同。如将毛线A穿过经线，
直接覆盖在所需要的位置上，并叠压下层毛线B。这种方法适用于图案平
缓、坡角小的构图。利用这种方法，可以编织流水、山坡、天空等图案，
使用一种颜色的线进行局部垒高，再叠加其他颜色，不但可以节省大量时
间，还可以避免漏洞的产生，减少线与线穿插后的生硬感（图3-1）。

二、穿插换线法

穿插换线法同第二章的直线编织技法，如将毛线A穿过经线与毛线B交织后，各自返回所在颜色的区域。这种方法适用于图案中出现直线或倾斜角度较大的构图。在编织过程中，画面中可能会出现一些建筑、家具、器皿中的直线，为了避免漏洞的产生，换线时就需要将两种颜色的线交织穿插，再配合叠压换线法来完成作品。

如图3-2中，毛线A、B、C、D相互交织，由于这四种颜色之间的连接近似垂直连接，所以不适用叠压换线法。具体方法是毛线A与毛线B交织后各自回到所在的区域，这时回去的毛线A与毛线C交织，而B可以回到自己的区域继续编织等待与A再次交织。毛线C在与A相交后返回再与D线以同种方法交织。

穿插换线法和叠压换线法都是编织高比林壁毯的重要方法，进行编织的时候要根据画面的需要选择所需的方法，可以是单独使用一种方法，也可以同时使用两种方法（图3-3、图3-4）。

图3-2　穿插换线法编织示意图

图3-3 运用穿插换线法完成的作品

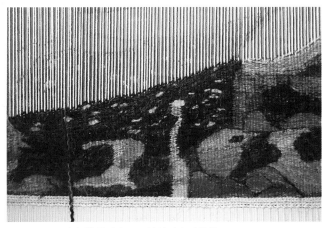

图3-4 运用穿插换线法和叠压换线法完成的作品

第二节　线的粗细

高比林壁毯中通常选用133～286tex（3.5～7.5公支）的羊毛毛纱，毛纱越细，编织出来的壁毯越细腻，适合画面精细、色彩丰富的图案。

图3-5

相反毛纱越粗，编织效果越粗犷，适合构图与色彩相对简单的图案。但是在编织中，细线与粗线的使用不能一概而论。画面的尺幅、创作时间、构图设计的难易程度等因素都需要考虑。例如，针对一些大尺幅、图案又相对简单的作品，可以选用粗一点的毛纱，也可以将3～4股细毛纱合为一股同时使用，这样做不仅节省时间，也增加了壁毯的厚重感。如果壁毯的尺幅比较大，图案还非常精致复杂，编织时间充裕时可以选用双股甚至单股毛纱编织，用来追求和表现细腻的画面效果（图3-5、图3-6）。在小尺幅的壁毯中，一般毛纱不易过粗，以免换线过程中出现"节点"（图3-7）。

图3-5　粗毛纱编织的作品

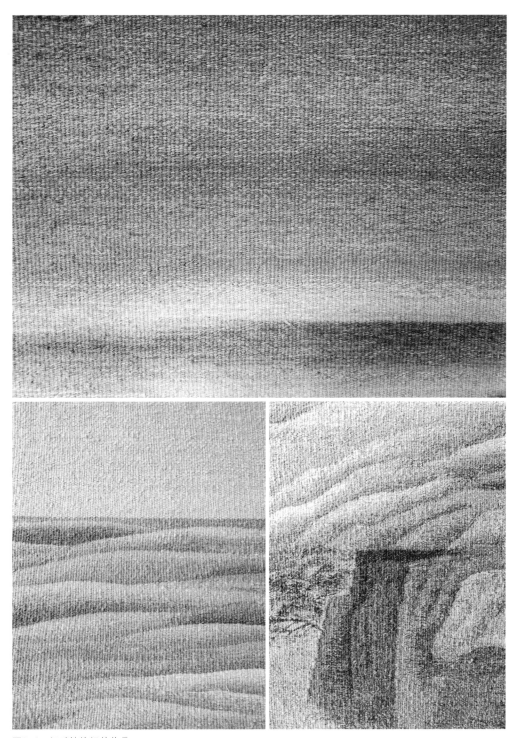

图3-6　细毛纱编织的作品

图3-7   毛纱过粗时出现的"节点"

　　当手中现有的毛纱比较粗时，也可以通过分线的方法来取得细线。方法是一手固定线的上端，另一手捏住下端，根据线的原有捻向逆时针旋转，就可将粗纱分成几股细纱（图3-8）。但是要注意的是，分股出来的细纱会带有较长的羊毛纤维，少量运用是没有问题的，但是当整幅壁毯大量使用的时候，毯面会出现"茸毛"效果，这种效果在山坡、田野、雪景、动物的皮毛、人物的头发等编织中会带来意外的惊喜，但是在建筑、山石、人物的面部和皮肤中却并不适用（图3-9）。

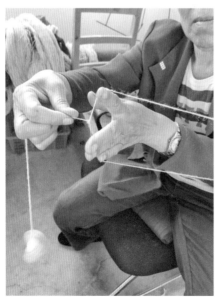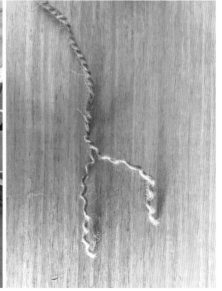

图3-8   粗线分股方法

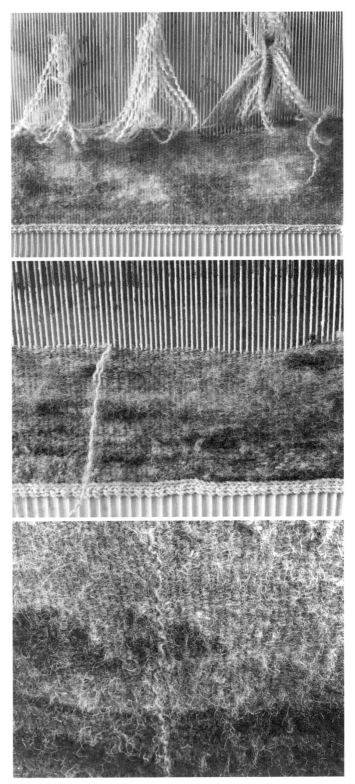

图3-9 毛纱分股后编织的效果

第三节　混色搭配

在高比林壁毯的编织中，常常将不同颜色的毛线合为一股混色编织。利用这种技法编织出来的作品看上去颜色衔接更为自然。当根据一幅高比林壁毯的设计图稿进行编织时，需要仔细观察画面中的色彩，有时整个区域可能是单一的颜色，如一片绿色的草地、一件黄色的连衣裙或者一把黑色的椅子，但是在编织时为了丰富画面的色彩，需要将不同的颜色进行混合，比如把棕色和翠绿、深绿和浅绿的毛线一起混线编织草地；把黄色和褐色、黄色和灰橘色的毛线一起混线编织衣物；把黑色和熟褐色、深蓝色和黑色的毛线一起混线编织椅子。那么为什么不用同一种颜色的毛线进行编织，而需要用混色技法呢？这是因为混色技法可以起到视觉融合弱化的作用，使整块颜色看起来更加柔和，而单一颜色的编织就好比儿童画的涂鸦，每一块色彩独立而醒目。混色技法好比绘画技法，需要用不同颜色的细微调和，才能达到整幅作品的和谐统一。

这种混色搭配方法的色彩原理即混色原理。混色原理是指把两种或两种以上的颜色混合起来产生新的颜色。将不同颜色的毛线混色编织，当观者在离画作稍远一点的地方欣赏时，这些色点就会在视网膜上连成一片，产生另一种色彩。比如我们将黄色与红色混合，远距离欣赏就会看到橙色；黄色与蓝色混合，就会看到绿色。这与印象派的点彩技法非常相似。不过，与绘画不同的是，在高比林壁毯中，因毛纤维特有的材料肌理，最终画面呈现的效果更加温暖自然，具有流畅飘逸之感。

在毛纱之间进行混色搭配时，需要注意以下几个原则：

（1）混色时两股色纱尽量保持粗细一致。如果其中一种线过粗，另一种线过细的时候，则混合出来的色彩会以粗线为主，细线的色彩会被忽视掉，并且会影响画面的整体美感。因此，需要将粗线分股或者细线合股来达到均衡的混色效果（图3-10、图3-11）。

图3-11是正在编织的一幅作品，从作品的细节可以看出，在色彩的混色处理中比较细腻，草地使用三种绿色毛纱混合，衔接非常自然。在山石

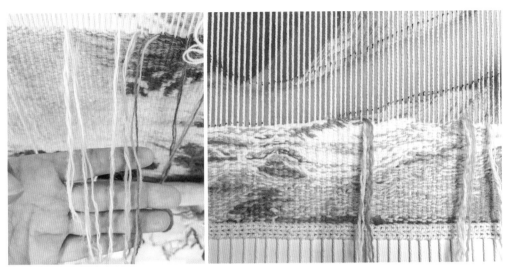

图3-10　粗细相同毛纱的混色

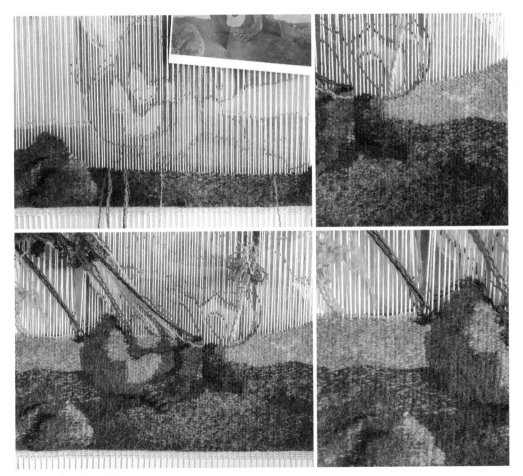

图3-11　作品编织过程图

图3-12 色差较大的混色搭配
此幅作品毛纱色差相对较大，因此，混色后会出现马赛克般的效果，应在编织时注意混色柔和。

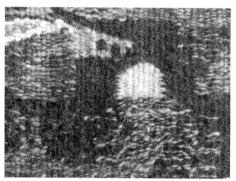

图3-13 明度对比强烈的混色搭配
黑色与白色、蓝色与白色都属于色差较大的混色搭配，色彩之间的明度对比强烈，容易出现"生硬"的视觉效果。

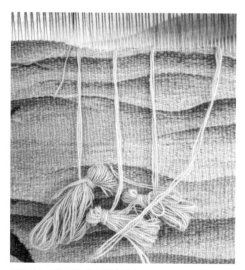

图3-14 利用同类色混色编织
此幅作品利用同类色毛纱混色编织，不同颜色的毛纱粗细基本一致，色彩过渡柔和。

和深色人物皮肤处理中，毛纱的粗细均匀，过渡柔和。

（2）混色时两股色纱的颜色不宜差别过大。如不宜将深色与浅色、鲜色与浊色或差异较大的色彩混搭在一起（图3-12、图3-13）。比如黑色与白色、黄色与蓝色混色搭配后，我们会看到很多密密麻麻的马赛克般的小点，画面看起来极不和谐。因此，在选择两股色纱搭配时，尽量选择相近的色彩，邻近色相、相近的明度或纯度，这样才能使作品的色彩看起来更加丰富自然（图3-14、图3-15）。当然，在高比林壁毯的编织中，毛纱的混色搭配也要根据作品的设计进行针对性地调整。如果一味地追求色彩的柔和，画面则会平淡无味。色彩间微妙的冷暖对比、强弱对比也是作品不可或缺的色彩关系（图3-16、图3-17）。色彩的混色搭配在作品的编织中起着非常重要的作用，手工编织壁挂与机织壁挂最大的不同就在于设计师可以主观控制色彩的表现力，使颜色产生微妙变化的视觉效果，使作品远观时色彩和谐一致，近观时却可以看出丰富的色彩变化（图3-18、图3-19）。

（3）编织时可以轻微捻动毛纱进行均匀混色。在高比林壁毯的编织中，两种或几种毛纱在混色搭配时，为了产生更均匀的编织效果，可以在混色时对不同颜色的毛纱进行轻微捻动，然后进行编织（图3-20）。捻动的毛纱在混色时，可以产生斜纹点状效果，混色搭配柔和自然（图3-21、图3-22）。如不将毛纱进行捻动，不同颜色的毛纱在混色时呈平行状态（图3-23），在编织过程中，两种颜色的毛纱将会平行地编入壁毯中，产

图3-15　作品中柔和的混色效果
此幅作品多采用相近纯度或明度的毛纱混色编织，色彩柔和、协调，具有统一感。

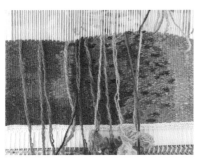

图3-16　利用混色编织法提高视觉冲击力
这幅作品利用不同的混色方法，既保证了作品色彩之间的和谐，又提高了作品的视觉冲击力。在作品右侧的黄色区域里，主要运用同类色混合达到色彩过渡柔和。而在作品左侧区域中，红色和蓝色混合后产生点状效果，提高了色彩对比度并具有较强的视觉冲击力。

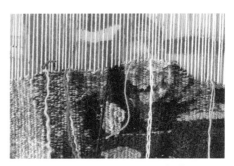

图3-17　根据画面需求灵活运用混色搭配
这幅正在编织的高比林作品，整体色彩过渡和谐，混色运用在不同区域，给人不同的感受。作品左侧区域利用明度差较大的黄色和黑色混色搭配，形成局部的夸张效果，而其他区域混色却相对柔和自然。

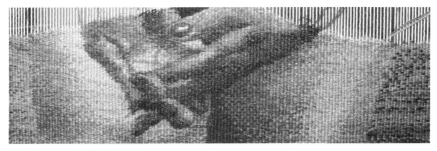

图3-18　丰富细腻的混色搭配
此幅作品是关于人物的腿部和手部的编织，作品色彩柔和，混色细腻，特别是在肤色明暗的过渡中，作者利用黑色、深蓝色和绿色混合后再过渡到红色、橙色等暖色调，混色搭配和谐，编织技艺精湛，达到较高的水平。

图3-19　作品混色搭配的局部与整体
此幅作品采用大量同类色的混色搭配，呈现柔和的高级灰色调，具有和谐雅致的视觉效果。

图3-20　毛纱捻动编织方法

图3-21　毛纱混色时轻微捻动产生点状斜纹效果

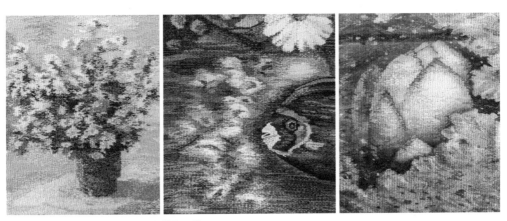

图3-22　毛纱混色捻动后形成柔和的编织效果

图3-23　毛纱平行混色编织时线的状态

图3-24　毛纱平行混色编织的效果

生出一条条的虚线状混色效果，使作品看起来粗糙混乱，缺少手工作品精致细腻的美感（图3-24）。

（4）混色搭配的面积和比例得当。在高比林作品的编织中，混色技法是提高作品视觉效果重要的表现方式。除了在一些特定类型的图案设计中可以采用单色编织，大部分设计都需要将毛纱混色进行编织。如果在高比林壁毯编织中不采用或较少采用混色编织，则画面效果相对平淡。如图3-25中的作品几乎完全采用单色编织，作品虽形态比较准确，颜色对比度、饱和度也处理得较好，但是由于色彩之间缺少衔接、混色和过渡，整幅画面效果略显生硬。如图3-26所示，在单色的基础上加入了局部的混色效果，因此整幅作品在色彩处理上相对比较自然。

图3-25　单色编织的高比林壁毯

图3-26　局部采用混色搭配的高比林壁毯

第四节 渐变效果

　　渐变效果是高比林壁毯最擅用的色彩表现方式。在当代高比林作品中，其色彩渐变效果丰富而又细腻（图3-27），主要有以下几个原因：

　　首先，通过色彩的渐变可以创造出独特的美感，不但能丰富画面，还可以使所表现的事物更加逼真、生动。

　　其次，不同于平面绘画，高比林壁毯中色彩的渐变是利用材质本身的

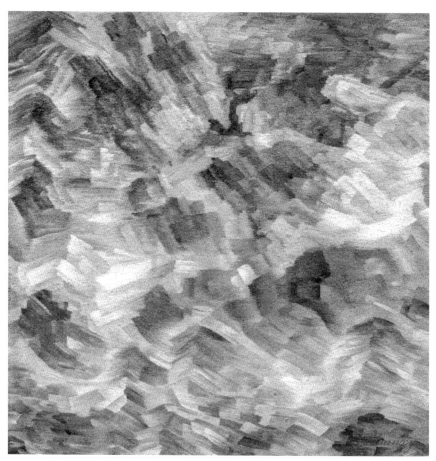

图3-27　色彩的渐变效果　作者：栾新玉

特点，在纬线编织的同时表现色彩的延伸、过渡效果，展现其材质美、肌理美。

最后，在高比林壁毯的设计中，利用柔和的渐变色可以更好地表现画面中的层次，如在涓涓流水、树木山石、变幻的天空、抽象花卉等设计题材中显得尤为重要（图3-28）。

在高比林壁毯编织中采用渐变色，需要掌握一些基本的要领和编织技巧。

如果想让一幅高比林作品表现出均匀细腻的渐变效果，毛纱的染色及搭配则尤为重要。染色时，需要利用染色时间的长短以及染料的浓度确保色彩过渡均匀（见第二章）。这样染出的毛纱在搭配和编织中色彩会更加柔和。另外，在渐变色的编织中，需要选取2或3种不同颜色的纬线进行合股编织，并尽量选取相近颜色的纬线以便均匀过渡。例如表现天空浅蓝色到

图3-28 听海系列 作者：栾新玉
这个系列作品表现的是蓝色的海面，作品中运用大量的渐变色，通过不同的蓝色毛纱层层渐变编织而成，画面呈现清澈流动的效果。蓝色的渐变使画面具有很强的层次感，远处在阳光下微微泛紫的水面与近处波涛荡漾的蓝色浪花使人仿佛听到了海浪的声音。

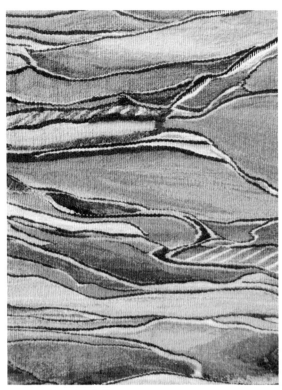

图3-29　色彩渐变的梯田
此幅作品呈现了蓝色系和紫色系色彩渐变的梯田，作者选用较细的毛纱来均匀过渡画面中的色彩，表现出较强的视觉效果。

深蓝色的色彩过渡时，毛纱之间的颜色不能跨越太大，需要通过相近色均匀平缓地过渡。如果作品的尺幅较大，且色彩的渐变需要非常均匀，编织时可以选取相对较细的毛纱多股编织，然后根据色彩的需要逐层替换其中1～2股毛纱，从而呈现均匀柔和的渐变效果（图3-29、图3-30）。

编织过程

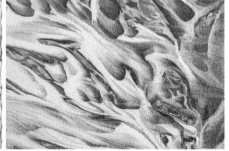

作品完成图

图3-30　渐变色的编织　作者：孙瑞雪
此幅作品运用了大量的渐变色，展示了编织过程以及完成后的整体效果。作者采用浅色的毛纱如白色、灰色、灰蓝色、灰紫色来表现海浪的渐变，整幅作品呈现如烟如雾的飘渺感，既体现了材质的温和，又表现了作品的张力。

第四章

高比林壁毯编织应注意的问题

04

第一节　收边

在高比林壁毯编织过程中，初学者经常遇到由于编织力道的原因而导致作品左右两边向中心收拢的问题，也就是教学过程中常说的收边问题。收边的作品会产生一种扭曲的视觉感觉，不但影响美观，而且在后期装裱过程中也很难处理。因此，必须注意编织力道的控制，杜绝作品收边。我们可以通过以下几个方面来改善和解决收边的问题。

一、控制编织时纬线的松紧

在编织时，我们需要让纬线处于一个相对"放松"的状态，让纬线穿入经线下落时有一定的弧度，再用叉子将其层层压平（图4-1）。如果纬线在下落时没有弧度且编织时手力太紧，那么纬线就会把间隔均匀的经线收拢甚至拽到一起，这样随着编织过程的深入，就会越编越紧，最后产生收边现象（图4-2）。反之，如果纬线弧度过大且编织时手力过松，壁毯就会出现相对松垮的状态，导致边缘不整齐（图4-3）。对于初学者来说，收边问题较为普遍，在编织过程中需要时刻提醒自己控制纬线编织的力道。

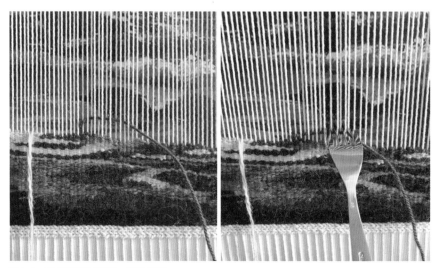

图4-1　毛纱下落时需要一定的弧度

图4-2　收边的壁毯

图4-3

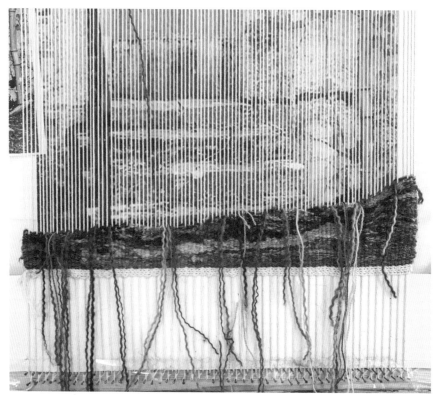

图4-3　边缘不整齐的壁毯

二、通过辅助绳改善收边现象

对于已经产生的收边问题，我们可以利用辅助绳帮助改善，方法是选取两小段经线分别穿过壁毯（靠近两侧边缘各约1～3cm），将其拉紧并绑在两边的木框上（图4-4），从而通过辅助绳的拉力来改善轻微的收边问题，操作时需要注意以下方面：

首先，辅助绳需要在发现收边的编织过程中使用而并非作品完成后使用。辅助绳的作用是矫正和辅助，对于那些轻微的收边问题可以在编织过程中纠正过来，如果作品已经完成再利用辅助绳是没有任何效果和意义的。

其次，在架构辅助绳的时候，首先应该分析收边的程度和编织过紧的位置区域。在编织中，编织者常常会将辅助绳绑在壁毯左右两边甚至是最后一根经线上，这样做并没有使辅助绳与壁毯整体之间产生拉力，反而会把壁毯左右两侧拉松、拉坏（图4-5）。正确的方法是首先观察未完成的壁毯，收边问题的产生主要缘于哪个区域，找到壁毯编得最紧的地方。一般

图4-4 架构辅助绳

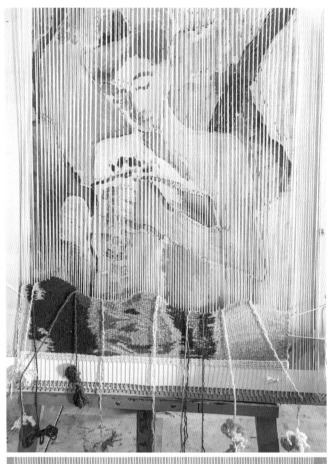

图4-5 辅助绳过于靠边

来说，轻微的收边主要是由于靠近左右两边1~3cm处编织过紧，在这个区域架构辅助绳就能起到很好的拉伸作用。较为严重的收边问题可能延伸至靠近左右两边4~6cm处，但是越靠近壁毯的中心，辅助绳的力量就会越小，对于收边的缓解和改善作用也就越小。

最后，辅助绳的数量可以根据收边程度和壁毯高度来决定。对于及早发现的收边问题，可以利用左右两侧一组辅助绳来解决。在编织尺幅较大的壁毯时，可以根据高度需要隔段架构辅助绳，这有利于预防收边，使壁毯整齐编织。

三、利用手的拉伸改善收边现象

在编织过程中，有时为了缓解纬线过紧的情况，经常用手拽着壁毯两侧拉一拉，这种方法对于尺幅比较小的壁毯可以起到不错的效果。拉伸的时候需要掌握好力量，不要过大以免壁毯产生变形（图4-6）。

对于轻微的收边，可以利用这种方法而不通过辅助绳来纠正。有变形倾向的壁毯，经过手的拉伸后还需要尽早架构辅助绳，并且在后续的编织中注意纬线不要过紧。

图4-6　利用手的拉伸改善收边现象

第二节   线头的处理

高比林壁毯是双面毯，其正面和背面具有相同图案。但是有时候在编织过程中，为了更加方便和快捷，常常把线头留在壁毯背面，仅保持正面图案的平整。采用这种方法时，壁毯背面会有很多长短不一的线头，如果不加以处理会增加壁毯的厚度，影响后期装裱的平整（图4-7）。因此，在高比林壁毯完成后可以用剪刀将壁毯背面的线头剪短。如果壁毯的尺幅比较大，纬线比较细，壁毯背面的线头可以剪得相对较短，因为大尺幅的壁毯由于重力的原因再加上细密的纬线层层叠压，密度较高，这样完全不用担心壁毯背面剪短的线头会脱线，修剪好的壁毯可以呈现双面的效果（图4-8）。如果壁毯的尺幅较小，纬线又相对较粗或者用多股纬线编织，那么壁毯背面的线头可以保留一小部分，以免壁毯背面纬线脱出（图4-9、图4-10）。

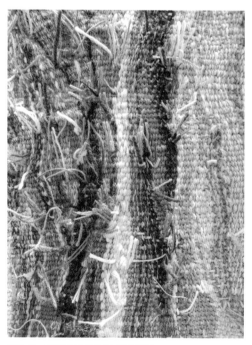

图4-7　壁毯背面未经处理的线头

图4-8　剪线头

图4-9　壁毯的正面

图4-10　壁毯背面经过处理后的线头

如果想完全编织成双面壁毯，那么在编织过程中可将多余的纬线线头与相邻的经线叠压在一起，再通过层层纬线的编织逐渐埋没隐藏线头。采用这种方法编织的高比林壁毯的特点是正反两面没有任何线头，看起来细密整齐。但是，这种方法对于初学者来说较难掌握，也相对地增加了编织时间和难度。

第三节　漏洞的处理

高比林壁毯中的漏洞是指由于部分纬线间没有相互连接而出现在毯子中的小洞。这些洞的形成主要是因为编织者技法不精准、不娴熟导致的，因此在编织中要不断加强基本技法的练习。当高比林壁毯完成后，需要将壁毯拿到阳光下进行检查，观察漏洞的大小和数量。

如果壁毯出现少量且面积较小的洞是正常的，因为编织过程中会因为频繁换线而使经纬之间的连接不紧密。在壁毯尺幅大小有限的情况下，如需编织高精度的造型可以运用到一些特殊的方法。比如在编织人物或动物的眼睛的时候，眼睛的黑眼球和白眼球是非常分明的，可以运用单根经线缠绕来完成。单根经线缠绕法是用纬线在同一根经线上连续缠绕得到所需的高度，由于纬线彼此不穿插，因此会留下细微的小洞。但是如果在单根经线上缠绕的股数不多，这些小洞并不容易察觉，因此适合局部细节的塑造。单根经线缠绕法在局部编织时会经常用到，如眼睛、嘴唇、鼻子、牙齿或者很细的短直线（图4-11、图4-12）。

需要注意的是，如果单根经线缠绕的面积较大、长度过长，那么壁毯易产生明显的漏洞并无法修补。漏洞产生的原因就是纬线间没有彼此穿连，两根经线之间分裂，这种漏洞往往比较直观而且面积较大。如图4-13所示，在编织房屋竖线的时候，并没有用到第二章所学到的方法使两根纬线连接，而是利用单根经线缠绕的方式，这样编织的竖线看起来很直却使壁毯产生了非常大的洞，这是编织中比较严重的错误。因此，在编织的过程中要熟练准确地掌握和应用各种编织技法，减少漏洞的产生，同时使编织的图案更加精确。

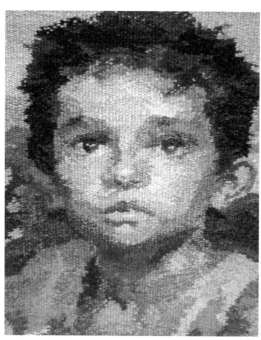

图4-11　人物五官的精准编织

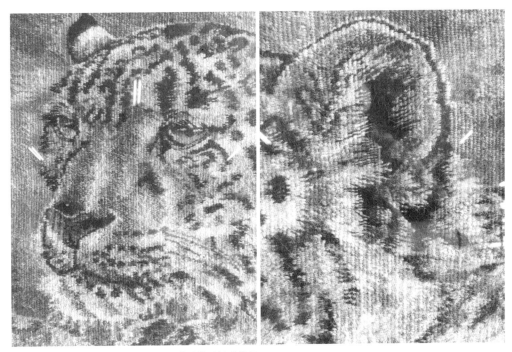

图4-12　豹的眼睛和耳朵运用单根经线缠绕法精准编织

图4-13　大面积漏洞的壁毯

如果在编织中，壁毯已经产生了一些很小的漏洞，该如何处理呢？漏洞的修补方法如下：

第一，观察。我们需要观察漏洞的大小，把已经编织好的高比林壁毯对着阳光放好，就可以轻松地发现漏洞的位置（图4-14）。如果漏洞较小，可以利用针线将小洞补好；如果漏洞较大，则不能修补，需要将错误的部分重新编织。因此，在编织中要掌握正确的编织方法，及时发现问题，及时改正过来。

第二，修补。如果是可以修补的漏洞，则可以选取与壁毯相近的缝衣线，用针线将这些小洞从壁毯背面缝补连接好，从而完成壁毯后期漏洞的修补工作（图4-15）。

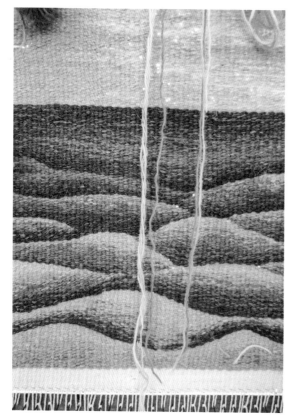

图4-14 漏洞的观察

图4-15 漏洞的修补

第四节　取框装裱

在高比林壁毯编织完成后，通常会从木框或织机上取下进行装裱或者存放。

一、取框

首先用剪刀剪断上下经线，通常上下会预留5~10cm的穗头以防脱线（图4-16）。然后将这些经线两两进行打结，上下相同（图4-17）。这样打好结的经线就不会脱线。如果暂时不装裱，可以将壁毯卷起来存放在阴凉干燥处。

二、装裱

高比林壁毯的装裱方式有多种，可以用木条悬挂，也可以送到装裱店进行装裱，采用类似油画的装裱方式，可将壁毯绷在木板上，并用钉枪在四周固定，然后根据作品风格添加喜欢的画框（图4-18）。

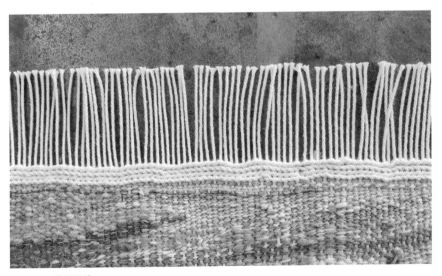

图4-16　剪断经线

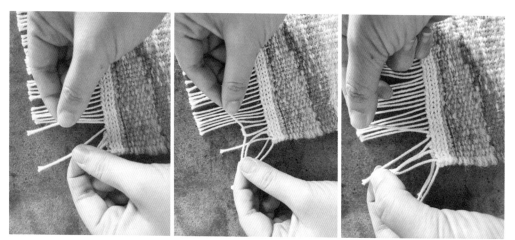

图4-17　将剪下的经线两两打结

图4-18

图4-18

图4-18　装裱后的高比林壁毯

第五章

高比林壁毯编织的设计

05

第一节　作品的设计

一、编织尺寸的设计

在设计一幅高比林壁毯时，首先要确定作品的编织尺寸，编织尺寸的大小可以在一定程度上决定设计的题材、构图、色彩选用和画面的难易程度。因此，我们可以先确定编织尺寸再设计图稿，这样可以在设计时做到心中有数。一般来说，大尺寸的作品在设计时不会受到较多的限制，画面可以简单也可以复杂（图5-1）；而对于小尺寸的作品在设计时需要考虑的因素较多，适宜简单、利于编织的图稿（图5-2）。

二、设计材料与应用

与绘画一样，高比林壁毯的设计稿可以采用多种绘画工具表现，但是为了后期编织能取得更加直观的效果，在设计中也可以选择更适合的工具来表现。

图5-1　大尺寸的作品

1. 彩色铅笔

其表现效果最接近编织效果，由于彩色铅笔的色彩数量是已知的，那么利用这些颜色来创作的作品不论是色彩渐变还是混色效果在后期编织中都可以很好地表现出来。特别是彩色铅笔因其方便、快捷的使用方式深受设计者喜爱。在彩色铅笔的选择上，以油性彩铅为主，色彩数量和种类可以丰富一些，并可以通过不同色彩之间的叠色创造出丰富细腻的色彩效果。

2. 油画棒

相对于彩色铅笔，油画棒更适合大面积或者比较粗犷的画面设计。

3. 水粉

在高比林壁毯的设计中，水粉主要用来铺底色或大色块涂色。用水粉对设计稿进行上色的时候，要注意以下几个方面：首先，由于水粉需要用水调色，且常用不同颜色的水粉混合调节，那么会产生色相过多的情况；其次，水的多少会对色彩的渐变产生较大影响，因此需要对颜色的渐变效果做出色彩归纳，以免在染线和编织时造成不必要的麻烦；最后，要对画面中颜色的总体数量做出套色限制，以便明确后期画稿编织的用色。

三、作品设计的难易

画稿的设计直接决定后期编织所耗费的时间和难易程度，因此可以根

图5-2 小尺寸的作品

据情况来创作适合的画稿。下面，以表5-1来分析、归纳作品设计的难易程度并举例说明（图5-3~图5-5）。

表5-1 作品设计难易程度归纳表

难度	构　图	色彩
简单	画面中以面和线为主，且线的方向基本一致	颜色数量在20种以内
适中	画面以面和线为主，线条方向虽不一致，但可以分清主要方向。少有纵横交错的线，没有琐碎的、面积较小的圆形、方形、矩形、三角形、菱形等	颜色数量在30种以内
复杂	1.画面中线条纵横交错，出现较多面积很小的圆形、方形、矩形、三角形、菱形 2.画面虽然没有用复杂的图形，但是整幅作品的表现技法为点彩法	颜色数量在30种以上

图5-3 构图色彩相对简单的高比林壁毯

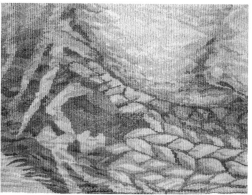

图5-4 构图色彩难度适中的高比林壁毯

图5-5 构图色彩复杂的高比林壁毯

第二节 作品的构图

一、作品的方向性

这里的方向性是指编织时的方向，根据不同的画面需要选择横编或者竖编。具体方法是，分析一幅作品中线或色彩过渡的方向，如果画面线条较多，则要确认哪种方向的线条最多，那么此方向就被定为纬线的方向。

由于高比林壁毯是纬线起花，水平方向的线条比垂直方向的线条编织容易很多（具体技法详见第二章），而且看起来更流畅自然，因此在设计画面的构图时，就需要考虑编织方向，减少纵横交错的线，并确定画面中线条的主要方向（图5-6、图5-7）。

图5-6　按水平方向设计的高比林壁毯（一）

图5-7 按水平方向设计的高比林壁毯（二）

　　编织方向往往在设计的过程中就逐渐确立，这样才能在后期更快、更精准地编织，减少换线以及编织难度，更好地还原作品。正确的编织方向可以使线条更流畅，如表现头发、皮毛、流水、布料、山石等题材的编织作品。

　　如图5-8、图5-9所示，作品中水面和山峦都符合纬线横编的特点，因此在编织后欣赏的方向和编织方向一致。如图5-10、图5-11所示，作品中由于树干的方向是竖直的，会增加编织难度，因此需要编织的过程中横着编织，在作品完成后竖过来欣赏即可。

图5-8　水面横编效果

图5-9 山峦横编效果

图5-10 树干的竖编效果

图5-11 山峦的竖编效果

二、构图的形式美

形式美指构成事物的物质材料的自然属性（如色彩、形状、线条、声音等）及其组合规律（如整齐一律、节奏与韵律等）所呈现出来的审美特性。

形式美作为一种美学表达手段，在构图中有着独特的意义。它以抽象形式存在，是一种独立美的形式，却具有一定的共性美感。

一幅美的构图设计需要考虑诸多因素，组合规律的形式感显得尤为重要，如画面中的齐一与参差、对称与平衡、比例与尺度、黄金分割律、主从与重点、过渡与照应、稳定与轻巧、节奏与韵律、渗透与层次、质感与肌理、调和与对比、多样与统一等。在高比林壁毯的设计构图中，我们要根据其特点创造出符合编织规律的形式美，下面主要强调四点：

1. 均衡

构图的均衡实际是强调一种稳定感。稳定感是人类长期观察自然而形成的视觉习惯和审美观念。因此，在高比林壁毯的设计中，首先要满足这种稳定感，使构图看起来舒服（图5-12）。

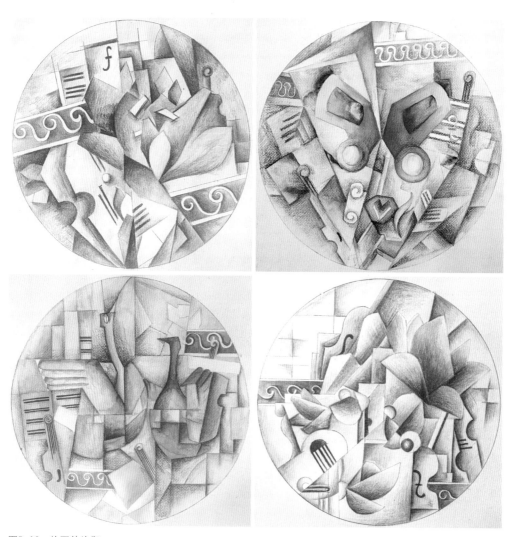

图5-12　构图的均衡

2. 比例

画面中各元素比例适宜可以使画面更加和谐，因此在构图中要处理好点、线、面之间的比例关系。高比林壁毯善于织造面和线，过多的点会增加编织难度，比如点彩派的作品（图5-13）。

图5-13　构图的比例

3. 对比

设计中的对比效果可以增加趣味性，减少单调感。大与小、长与短、多与少、远与近的对比都可以使画面充满生命力（图5-14）。

4. 重复

元素的重复在高比林壁毯中较为常见，线条的重复、形状的重复以及色彩的重复可以加深人们对作品的印象，甚至有些不断重复的元素直接构成作品的主题（图5-15）。

图5-14　构图中元素的对比

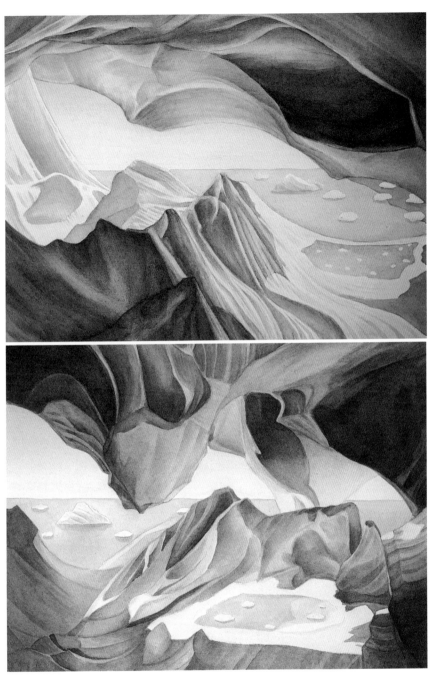

作者：莫莉

图5-15

作者：王宁、杨欢欢、刘志卿

图5-15　构图中元素的重复

第三节　作品的色彩

一、上色技法

1. 平涂法

在高比林壁毯设计中，色彩的平涂法是一种非常简单的上色技法，在后期编织时也相对容易，适合初学者。需要注意的是，为了使作品具有较好的装饰效果，要调控好色相的数量，过少的色相容易造成画面空洞、枯燥和呆板；而过多的色相又容易引起杂乱，增加编织难度。虽然色彩的平涂法比较单一，但是在一些卡通题材、几何形态的作品以及当代艺术作品中经常会用到（图5-16）。

作者：瓦瑞萨·马克吉亚

作者：南希·科兹考斯基

作者：麦克·F.罗德

作者：克里斯汀·阿尔托娜

作者：德布拉·考西尼

图5-16 运用平涂法编织的作品

2. 渐变法

渐变法是高比林壁毯设计中最常用的技法，从现存中世纪的壁毯中就可以看到，色彩渐变、过渡经常用于表现光影效果。在基维教授的作品中，我们也可以看到几乎所有作品都大量使用色彩渐变（图5-17）。色彩渐变法被广泛运用于高比林壁毯中主要有以下两个原因：第一，利用色彩的渐变可以创造出独特的美感，不但能丰富画面，还可以使所表现的事物更加逼真、生动；第二，不同于平面绘画，高比林壁毯中色彩的渐变效果可以通过色线之间的混色、换色更好地表现出来，同时展现其材质美、肌理美。在河流、海洋、树木、山石等自然题材的表现中，色彩的渐变法显得尤为重要（图5-18）。

图5-17　利用渐变法编织的作品　作者：基维·堪达雷里

图5-18　运用渐变法编织的作品　作者：林乐成

二、色彩搭配方法

色彩搭配在设计中具有非常重要的作用，成功的色彩搭配不仅要做到协调、和谐，而且还应该使画面有层次感与节奏感，能够引起观赏者的艺术共鸣。一个没有经过色彩搭配和设计的作品，其表现效果常常是杂乱无章、平淡无奇的，从而使人产生视觉疲劳。

在高比林壁毯设计中，色彩不是独立存在的，首先需要有一个明确的主题或设计思路，然后以此进行配色。在设计中，表现的主题有很多，可以是家门口的庭院、可爱的孩子、破旧的静物，或者仅仅是一种心情，如悲伤、快乐、忧郁或冷静……因此，在设色时，需要将色彩进行感官上的分类，也就是色彩的心理效应。不同的色彩组合可以表达不同的心理效果，洛可可的富丽堂皇与自然主义的质朴清新、庭院明媚阳光下娇嫩的花朵与旧书柜上铺满灰尘的闹钟都会给人们带来完全不同的色彩体验。追寻内心的感受，选择适宜的色彩是色彩搭配中重要的原则（图5-19～图5-22）。

　　色彩搭配方法不是程式化的公式，它是随着社会发展、审美水平逐步提高而提高的，反映了人们对事物美的共同认识。在为高比林壁毯设计配色时，我们可以遵循以下一些方法来提升设计的色彩美。

　　1. 写实性与装饰性——色相

　　纵观历史，在高比林壁毯的设计由写实性向装饰性转变的过程中，其色彩也发生了变化，色相由一万多种减少到几十种，而色相的减少恰恰使画面更具有装饰性。在抽象作品的设计构图中，色相的数量通常较少，甚至画面中仅用无彩色来表现深刻的思想寓意和形式美感，使画面具有较强

图5-19　都市交响曲　作者：尼跃红
作品表现的是城市生活，画面中使用了富有活力与视觉冲击力的色彩搭配，通过金属的光泽感、混凝土等色彩表现了都市生活的快节奏、活力和现代化。

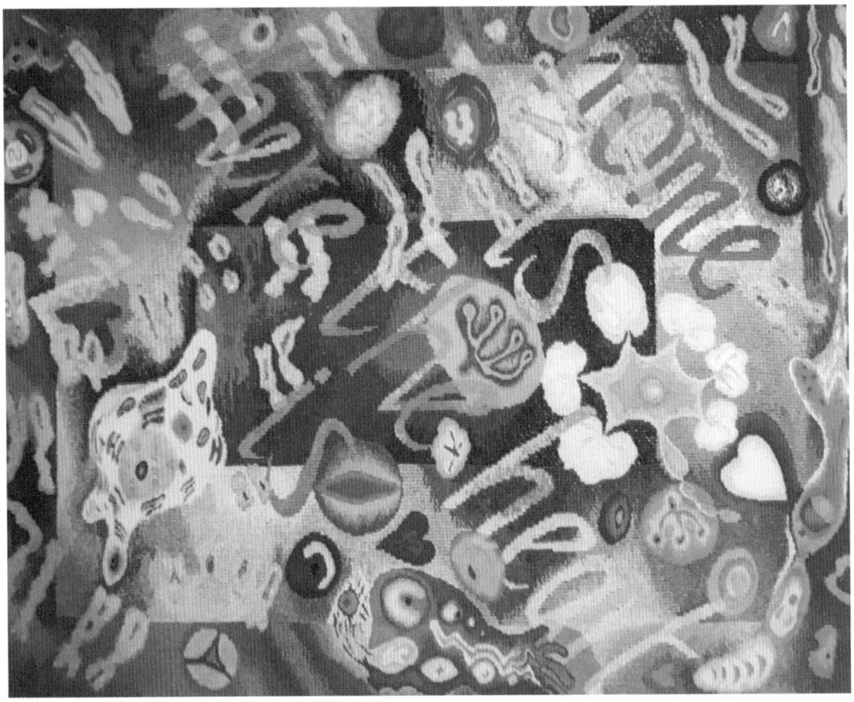

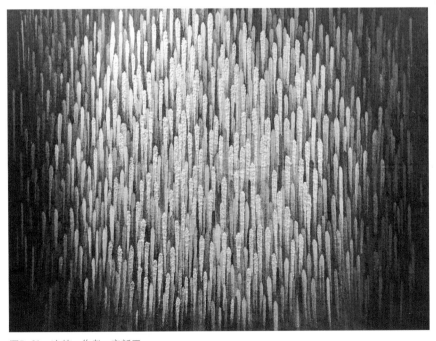

图5-20 家是心的所在 作者：克里斯汀·索耶尔
作品主题是家庭中的甜蜜氛围，画面中大量使用暖色调，红色、黄色、紫色让人感受到家庭的温暖与幸福。

图5-21 追梦 作者：栾新玉
在这幅以追梦为主题的作品中，一束光照亮了周围的黑暗，画面中蓝色的明度和纯度不断变化，表现出光、希望以及追求梦想的不断努力。

图5-22　出路　作者：克里斯汀·赛特道尔
整幅作品的色彩是以人内心情感为出发点，画面以幽暗的色调为主，黑色、紫色和青色表现出人内心的煎熬和无助。

的装饰性。在写实作品的设计构图中，如果色相的数量较多，可以通过合理的色彩归纳，减少类似的颜色，在满足作品对色彩需求的同时，提升设计的装饰美（图5-23）。

作者：基维·堪达雷里

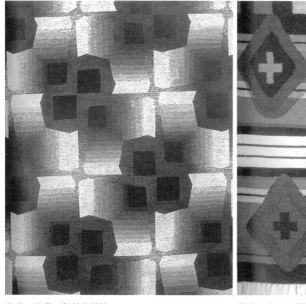

作者：南希·科兹考斯基　　　　　　作者：大卫·科兹考斯基

图5-23　抽象作品中的色彩归纳

2. 空间与层次——明度

明度在建立画面的空间与层次中起着重要作用。一幅具有层次感的画面通常包括高明度、低明度和中明度的色彩，也就是我们常说的亮色、暗色与中间调。如果一幅画面中色彩明度都是一致的，那么不管色相和纯度如何变化，给人的感觉会是沉闷的、烦躁的、无趣的或飘渺的。因此在设计中，把握好色彩的明度，建立良好的空间与层次，可以使画面更加丰富、饱满、耐人寻味。如图5-24所示，利用不同的明度与空间，可以丰富画面，使作品具有层次和韵律感。

作者：林乐成

图5-24

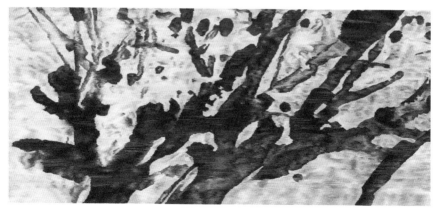

墨海　作者：王凯

作者：刘辉　　　　　　　　秋艺　作者：栾新玉

图5-24　通过色彩的明度来调节画面的空间与层次

3. 艳丽与高雅——纯度

作品给人的心里感受往往通过色彩的纯度来传达。色彩的纯度强弱，是指色相感觉明确或含糊、鲜艳或混浊的程度。高纯度的色彩组合会使画面非常艳丽，但容易产生夸张、眼花缭乱的效果，如果同时还使用了对比色，注视时间久了会产生视觉疲劳，目迷五色。低纯度的色彩组合在设计中比较常见，强调色彩的调和，通过不同色相之间的弱对比创造出一种高雅的视觉美。但是，在作品中如果所有的颜色都采用低纯度的色彩，则会产生压抑、低沉或缥缈的心理效应，在设计中还需要通过搭配高纯度的色彩来达到调和的目的。因此，我们在设计高比林壁毯中，合理调控色彩的纯度与应用比例，是色彩搭配非常重要的方法（图5-25~图5-27）。

4. 平衡与和谐——比例搭配

上文已经谈到了色彩的三要素在设计中的作用，那么如何将色相、明度、纯度合理搭配从而使画面更和谐呢？这里需要强调色彩的面积比例分配。

设计者使用色彩的目的之一是营造视觉上的平衡，而非刻意追求对某一环境或者事物的真实表现。在一幅作品中，设计者会利用各种色块进行

作者：王凯

图5-25

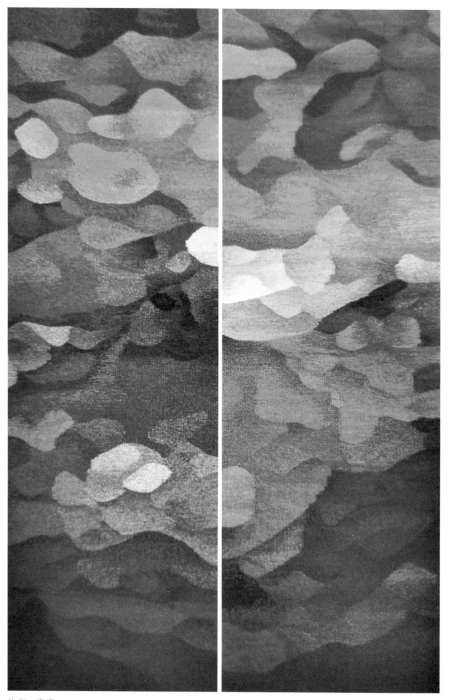

作者：庞礴

图5-25　色彩的纯度对比

两幅作品利用色彩的纯度调节使画面和谐、统一，高纯度和低纯度色彩在作品中形成强对比，具有较强的视觉效果。

图5-26　色彩的纯度对比　作者：魏海舰
作品采用大面积的黑色与背景的米黄色形成强烈的视觉对比，高纯度的蓝色
在作品下端成为画面的点睛之笔，使作品充满了活力。

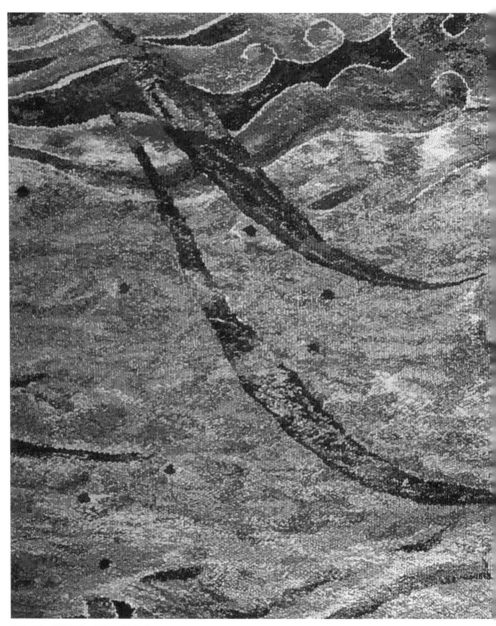

图5-27　间乐天　作者：王菁含
整幅作品提取中国传统敦煌壁画中的色彩进行编织，中低纯度色彩之间的对比体现了敦煌文化的悠久历史与文化特色。

组合搭配，而色块所占的面积比例对色彩搭配是否和谐关系重大。可以说，任何一套看起来和谐的色彩都会因为比例不当而失去美感，相反一套看起来普普通通的配色会由于色彩比例的合理而显得恰到好处。当画面非常鲜艳，令观者烦躁不安的时候，可以通过减少高纯度色彩的面积来进行调和。当画面看起来非常飘渺的时候，可以适当增加中低明度的色彩比例来进行调和。当画面看起来索然无味的时候，需要减少同类色的面积，适当增加对比色的使用。在设计中还需要注意的是，如果画面中色彩的面积相当、比例相同，就难以产生调和之美，而色彩的面积大小与比例差异更容易使画面具有平衡感和设计感，使画面产生和谐美（图5-28）。

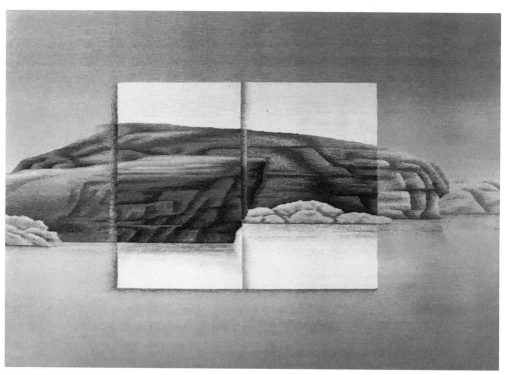

作者：尼跃红

作者：基维·堪达雷里

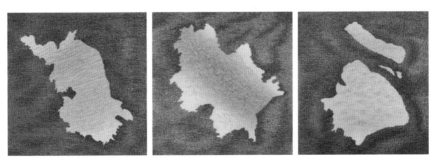

作者：林乐成

图5-28 色彩的面积与比例的搭配

参考文献

[1] 林乐成，王凯. 纤维艺术[M]. 上海：上海画报出版社，2006.

[2] 庞绮，莫莉. 色彩构成[M]. 北京：中国轻工业出版社，2016.

[3] 林乐成，尼跃红. 当代国际纤维艺术："从洛桑到北京"第三届国际纤维
艺术双年展（上海展年）作品选[M]. 北京：中国建筑工业出版社，2004.

[4] 林乐成，尼跃红. "从洛桑到北京"第五届国际纤维艺术双年展作品选
[M]. 北京：中国建筑工业出版社，2008.

[5] 林乐成，尼跃红. 当代国际纤维艺术：新视野"从洛桑到北京"第六届
国际纤维艺术双年展作品选[M]. 北京：中国建筑工业出版社，2010.

[6] 林乐成，尼跃红. 当代国际纤维艺术：回归与超越"从洛桑到北京"第七
届国际纤维艺术双年展作品选[M]. 北京：中国建筑工业出版社，2012.

[7] 林乐成，尼跃红. 当代国际纤维艺术：融汇·共创"从洛桑到北京"第八
届国际纤维艺术双年展作品选[M]. 北京：中国建筑工业出版社，2014.